活习惯简史 ⑬

# 用二十万年打好包

小庄 / 著   王斌 / 绘

天津出版传媒集团

新蕾出版社

果壳阅读是果壳传媒旗下的读书品牌，秉持"身处果壳，心怀宇宙"的志向，将人类理性知识的曼妙、幽默、多变、严谨、有容，以真实而优雅的姿态展现在读者眼前，引发公众的思维兴趣。

出品人 / 小庄　策划 / 李霄、米爱子　创作顾问 / 孙亚飞

感谢对创作提供帮助的陶氏公司

**图书在版编目（CIP）数据**

用二十万年打好包 / 小庄著；王斌绘 . -- 天津：
新蕾出版社 , 2022.9
（果壳阅读 . 生活习惯简史；13）
ISBN 978-7-5307-7409-0

Ⅰ . ①用… Ⅱ . ①小… ②王… Ⅲ . ①包装设计 - 工
艺美术史 - 世界 - 儿童读物 Ⅳ . ① TB482-091

中国版本图书馆 CIP 数据核字 (2022) 第 162372 号

书　　名: 用二十万年打好包　YONG ERSHI WAN NIAN DA HAO BAO
出版发行: 天津出版传媒集团
　　　　　新蕾出版社
http: // www.newbuds.com.cn
地　　址: 天津市和平区西康路 35 号（300051）
出 版 人: 马玉秀
责任编辑: 赵　平
美术编辑: 罗　岚　李　茜
责任印制: 沈连群
电　　话: 总编办 (022) 23332422　发行部 (022) 23332676　23332677
传　　真: (022) 23332422
经　　销: 全国新华书店
印　　刷: 天津新华印务有限公司
开　　本: 787mm×1092mm　1/12
字　　数: 31 千字
印　　张: $2\frac{2}{3}$
版　　次: 2022 年 9 月第 1 版　2022 年 9 月第 1 次印刷
定　　价: 26.00 元

# 同世界一起成长

## ——写给"果壳阅读·生活习惯简史"的小读者

亲爱的小读者，让我们来想一想，当爸爸妈妈把我们带到这个世界上的时候，我们做的第一件事是什么呢？对，是啼哭。正是这声啼哭向世界宣布：瞧呀，我来了，一个小不点儿要在地球上开始奇异旅程啦！

这世界真大，与地球相比，我们的卧室不过是沧海一粟；这世界真美，美轮美奂的人类建筑让不同的大陆有了别样风情；这世界真好玩儿，高铁、飞机、宇宙飞船能带我们去探索奇妙的未知。可是世界一开始就是这样的吗？当然不是。它从遥远的过去走来，经历了曲折，经历了彷徨，一步一步走到了今天。

作为一名考古学家，我对过去的事物有一种特别浓厚的兴趣。我和我的同行，常常在古代废墟中查寻，总想找回一些历史的记忆。最能让我们动情的，就是那些衣食住行，那些改变人类生活的故事。古人何时开始烹调，怎样学会纺织，又如何修建房屋，考古工作者正在将这些谜题一个一个解开！

因此，当我第一次看到这套讲述"人类生活习惯变迁"的绘本时，立即就被吸引了。创作者用精准的文字和图画，让我们在不经意间穿越了历史长河，点滴知识轻松而又深刻，不落窠臼，引人思考。比如，你知道人类是在何时学会制造车轮的吗？要知道车轮可是一位 5000 多岁的"老寿星"呢！人们在一次劳动中发现了旋转的魔力，于是，有人便利用它发明了车轮，从此人们的旅行不再只是依赖双脚。直到今天，这项古老的发明仍然扎根在我们生活的每个角落，我们使用的大多数交通工具都离不开轮子，离不开旋转的力量。可以说，当今生活的点点滴滴，都是建立在前人漫漫的积累之上，时间更是跨越了几十万年，甚至上百万年！

"果壳阅读·生活习惯简史"的创作前前后后用了十余年时间，创作者查阅了大量资料，反复推敲、设计画面的每个细节，于是，才有了今天这样一套总体上宏大、细节上精到，有故事有知识，可以一读再读的绘本。当你翻开这套绘本，你会看到因为没有火，人们只能吃生肉的场景；会看到因为蒙昧而不洗澡、不换衣的画面；也会看到医生戴着鸟嘴面具，走街串巷的奇特一幕。看到这些你是否觉得奇怪？这些与当下生活的反差会给你带来怎样的感受？让一切自然而然地发生，在不经意间改变，大概就是"行不言之教"吧。

人类不断充实科学的头脑，不断丰富知识的宝库。从古到今，从早到晚，从天上到地下，让我们跟着这套绘本学习生活习惯，学习为这个世界增光添彩的本领。我们认知世界，也在认知自己、完善自己，我们同世界一起成长。

王仁湘（中国社会科学院考古研究所研究员）

**4**

二三十万年前

人类用天然材料运输和储存物品。后来人类学会把天然材料制成容器。

**6** 3000 多年前

烧制玻璃的技术出现,早期的制陶技术发展为制瓷。

**14**

200 多年前

金属包装逐渐演变成了现代包装中不可或缺的重要组成部分。

**8** 约 2000 年前

以纸为代表的软包装进入了人们的生活。之后,中国先进实用的造纸术传向欧洲,影响了整个世界。

**10**

约 1000 年前

包装在设计上逐渐开始满足人们对于运输、密封的需求。

**16**

近 200 年前

皮毛鞣制技术出现了革命性进展。

**18** 150 多年前

亚历山大·帕克斯制造了第一种人造塑料"帕克辛"。

**24** 近些年

在医药行业,塑料带来了革命性的改变。

**20** 100 多年前

科学家发现了高分子材料的秘密。

**26** 现在

废弃塑料带来了环境问题。

**29** 未来

"可回收"是未来包装材料发展的主题。

**22** 几十年前

塑料的使用范围越来越广,包装也越来越有设计感。

二三十万年前

动物皮

在采集狩猎时代，我们的祖先一开始会使用树叶、动物皮、坚果壳、贝壳等天然材料来运输和存储物品，特别是运输和存储食物。后来，他们慢慢学会了把天然材料制成容器，例如凿空的原木、编制的藤草和晒干的动物器官。

这些天然材料制品中的绝大部分在我们今天的生活中也依然可见，有的甚至保持着最初的面目，像用来包粽子的粽子叶。这种用植物叶子包装食品的传统习惯，直到今天都存在于东亚、东南亚和非洲的许多地区。

树叶

凿空的原木

# 3000 多年前

大约在公元前1600年至公元前1200年的青铜时代晚期，玻璃制品开始被使用。虽然在埃及、迈锡尼时代的希腊、美索不达米亚地区的古代废墟中，都曾发现玻璃的痕迹，但古埃及人的玻璃器皿无疑是制作得最为精美的。古埃及人很早就懂得利用不同的金属矿物制作不同颜色的玻璃，如添加含铜的矿物使玻璃呈现红色，添加含钴的矿物使玻璃呈现蓝色。

后来，对现代玻璃包装发展影响最大的是1903年获得专利的"自动旋转玻璃瓶制造机"。

在东方，人们发明了比陶器更为精致细腻的瓷器。大约在公元前 16 世纪的商代早期，原始瓷器出现。隋唐时期，中国已经开始制造精美的白瓷。到了宋代，瓷器制作达到了一个技术和艺术的高峰，出现了汝窑、官窑、哥窑、钧窑、定窑五大名窑。无论是皇家贵族，还是平民百姓，都喜欢用瓷器来饮茶。

瓷器的前身是陶器，考古学家迄今确认的最早的陶器出土于中国江西万年仙人洞，距今已有两万多年，属于旧石器时代晚期。

约 2000 年前

闵奴

西域都护府

大宛　龟兹　楼兰　玉门关　酒泉　张掖　武威

疏勒　敦煌　阳关

莎车　鄯善

于阗

大秦　塞琉西亚　大月氏　大夏　安息　汉　长安

公元前 200 年的西汉时期，中国人开发出了世界上最早的可塑性软包装：用经过处理的桑皮片包装食品和药物，这也是纸的雏形。东汉汉和帝时期，蔡伦用树皮、麻头、破布、渔网等作为原料，改进了西汉的造纸工艺，批量生产出了可以书写的纸。公元 105 年，他将这一工艺上奏皇帝，皇帝大加赞赏，将他的造纸术推广到全国各地。蔡伦因造纸有功，被册封为"龙亭侯"，很快"蔡侯纸"便传遍天下。几个世纪后，这种先进实用的造纸术经阿拉伯人传向欧洲，继而影响了整个世界。

药

工业革命促进了产品生产的多样性和快速性，也对不同类型的包装提出了更高要求，纸袋、纸板箱、瓦楞纸相继出现，到了大约1900年，装运货物的瓦楞纸箱开始在贸易中被大量使用。

● 19世纪60年代，年轻的美国女孩玛格丽特·奈特正在纸袋厂车间里工作。当时流水线生产的只有信封形纸袋，无法立起来，她注意到了这一问题，在1868年发明了能自动切割、折叠、黏合纸张的机器，制造出今天我们熟悉的平底牛皮纸袋。她的发明曾被一位机械师剽窃并抢注了专利，对方还试图利用人们对于贫穷女工的偏见来影响法庭判决。但奈特最终于1871年赢回了专利权。

9

# 约 1000 年前

在中世纪，木桶是最常见的存储、运装货物的器具。随着船运的发展，木桶走遍了世界的码头，因为通过合理堆叠，木桶可以很好地装入船舱，最大限度地利用了空间。

●堆在船舱中的木桶，就是早期的"集装箱"。

酒桶很可能是凯尔特人最早开始大量使用的，这种不漏水的桶形木质容器也一直被沿用至今，如大家熟知的葡萄酒、威士忌等，都是储存在木桶里的。木材经过灼烧后形成的防腐性内壁能够让酒产生独特的风味。

中国商代生产的
青铜器

铁器

人类对金属的认识和开发很早就开始了，现代人甚至直接用金属命名其当时被开发的时代，比如青铜时代、铁器时代。自古以来，以金、银以及坚固的合金材料制造的金属包装就一直被用于保护、存储物品。

中世纪时期，两项重要的金属加工技术在欧洲真正出现了：金属电镀和金属镶嵌。其中金属电镀很好地解决了金属容器内壁的腐蚀问题。

🖊地壳中含量最丰富的金属其实不是铁，更不是铜，而是铝。今天，铝是相当廉价且十分常见的金属，我们熟悉的很多包装都是铝材的，比如易拉罐。但在历史上，因为提炼纯铝的工艺非常低效，铝曾经比黄金更贵重。法国皇帝拿破仑三世为了彰显富有和尊贵，特别用铝餐具来吃饭。一直到1886年，工业上实现了铝的规模化提纯，铝才开始被普通人使用。

# 200 多年前

1795年，拿破仑设立了一个奖项，并宣布谁能想出保持军用食品长期不变质的方法，就可以获得12000法郎的奖金。这在当时可是一笔巨资，不过，一直等到15年后，来自巴黎的糖果糕点师尼古拉斯·阿佩特才提出了解决方案，就是把食物加热、煮沸，然后放进不透气的玻璃瓶里，用软木塞封口密封。为了宣传自己的方法，他做了很多演示，并迫于压力公开了自已的方法。

过了半个多世纪，法国微生物学家路易斯·巴斯德才给人们解释清楚了尼古拉斯·阿佩特的方法为什么有效，因为食物变质是由微生物生长引起的，而高温能够杀死这些微生物。

● 1810年，英国人彼得·杜兰特用镀锡锻铁罐取代了玻璃罐，用来保存水果、蔬菜和鱼，这便是现代罐头的雏形。

● 1858年，美国锡匠约翰·梅森发明了带有螺纹唇和可重复使用的金属盖，梅森罐子诞生了，它彻底改变了美国和欧洲的食品保鲜方法。

● 第一款铝罐头食品于1959年问世，后来出现了易拉罐设计。

● 可折叠的软金属管于1841年首次用于绘画颜料包装，后来被用于牙膏包装，1960年以后开始用于食品包装。

● 和纸袋一样，金属包装逐渐演变成了现代包装中不可或缺的重要组成部分。

❛为了去除动物皮上的毛和残肉,并促成皮质的软化,古人还会巧妙地使用尿液:他们把尿洒在皮最硬的部位,或者把整张皮浸泡在小便桶里。

皮革不仅被用作包装和包裹材料,也大量出现在服装、家具上。天然皮革是从动物身上剥下来的,但后来仿制皮革逐渐发展起来,无论在质感上还是在性能上,现代人造皮革都不比天然皮革差。处理动物皮毛的技术被称为"鞣制"。从新石器时代早中期直到18世纪,人们主要使用来自植物的单宁进行鞣制,这样制成一张成皮可能需要一整年。19世纪的法国,有人发现了铬盐,它能使整个鞣制过程缩短为几天,这项革命性创新彻底改变了制革工艺。

从古老的编织发展而来的纺织，也为人类提供了用于包裹的布匹。早期的纺织材料来自天然棉麻，到了现代，部分纺织材料被人造纤维取代。不过，棉麻生产迄今仍是世界农业的重要组成部分。

❛纺织技术的发展对于现代社会的形成有着重要影响，工业革命就是从纺织业开始的。

SHAWLS

# 150 多年前

　　1856年，英国人亚历山大 · 帕克斯制造了第一
种人造塑料"帕克辛"。他的初衷是找到象牙、龟壳等
天然制品的替代物。这种材料在1862年伦敦世博会
上展出，让人们看到了塑料的许多现代化应用领域。

1865年，纽约的约翰·韦斯利·海厄特获得了"赛璐珞"专利。这是第一种商品化的塑料，最早被用来生产台球，因其生产成本极低，受到制造商的青睐，从而很大程度上取代了原来使用的象牙制品。

1907年，比利时人利奥·亨德里克·贝克兰德发明了"电木"。它作为虫胶的替代品，被应用在电器零件上，早期的拨号电话上也可以看到它的身影。

🔥"赛璐珞"是一种热塑性塑料，柔韧性更高，加热后可以变软，一般可以重塑和回收。"电木"是一种热固性塑料，强度更高，加热也不易变形，一旦成型后就不可逆。

# 100 多年前

　　1920 年，德国有机化学家赫尔曼·施陶丁格阐明了不管是"帕克辛""赛璐珞"还是"电木"，都是很多小分子聚合在一起产生的高分子。他的观点最初并未被广泛接受，但在 1953 年施陶丁格获得了诺贝尔化学奖后，这个理论成了现代合成工业的原理基础。高分子材料涵盖我们所熟悉的橡胶、纤维、塑料、胶水等。

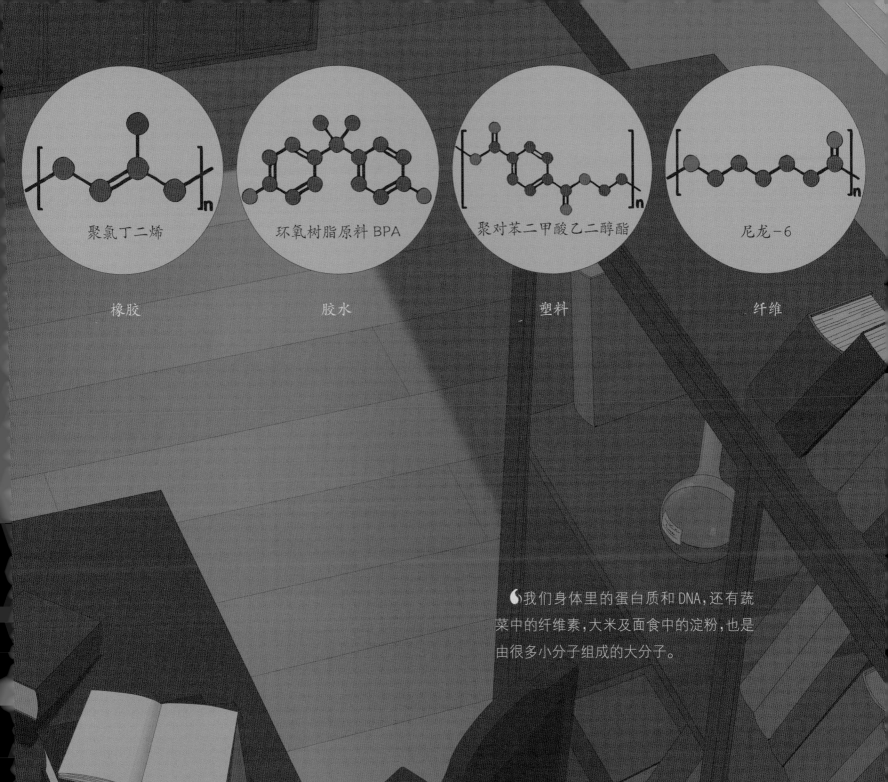

聚氯丁二烯

环氧树脂原料 BPA

聚对苯二甲酸乙二醇酯

尼龙-6

橡胶

胶水

塑料

纤维

🔥我们身体里的蛋白质和DNA,还有蔬菜中的纤维素,大米及面食中的淀粉,也是由很多小分子组成的大分子。

几十年前

1977 年, 塑料容器开始用于饮料包装进入市场。

1831 年左右, 人们开始使用塑料。那时人们从香脂树中首次蒸馏出苯乙烯, 将其聚合之后作为塑料使用。但早期的产品十分易碎, 直到 1933 年德国改进了这一工艺。1835 年, 有人发现了聚氯乙烯, 它和其他聚合物构成了现在我们所使用的主要塑料原料。20 世纪 50 年代后, 塑料包装开始普遍使用, 到了 20 世纪 70 年代末, 塑料包装行业开始增长。

包装发展的这段历史也伴随着现代商品设计的进展,包括标签和商标,产生了很多现当代艺术作品。很多商业品牌也开发了自己独特的、具有鲜明辨识度的包装形态与形象,从而成为人们的集体记忆。

1962年,美国艺术家安迪·沃霍尔展出了一幅作品——《金宝汤罐头》。作品包括32块帆布,每一块帆布上都印了一个不同口味的金宝汤罐头,每一个图案都使用半机器化的丝网印刷技术完成。它成为有史以来最著名的现代艺术作品之一,引领了"波普艺术"风格。

哇!

近些年

① 取药

和传统材料（木头、玻璃、金属）比起来，塑料更轻便，而且在加工过程中容易塑形、成本低，同时污染排放少、能耗也低，所以成为现代生活中最重要的包装材料。可以说现代生活已经离不开塑料，在医药行业，它所带来的改变是革命性的。

● 我们吃的药片，很多都保存在纸盒、塑料盒、塑料瓶或含有塑料的容器中。

● 我们常见的医疗检测设备中，塑料扮演着不可或缺的角色，比如CT机的塑料外壳。

● 直到出现一次性塑料管之后，输血和静脉输液才变得更为安全、舒适、便捷。

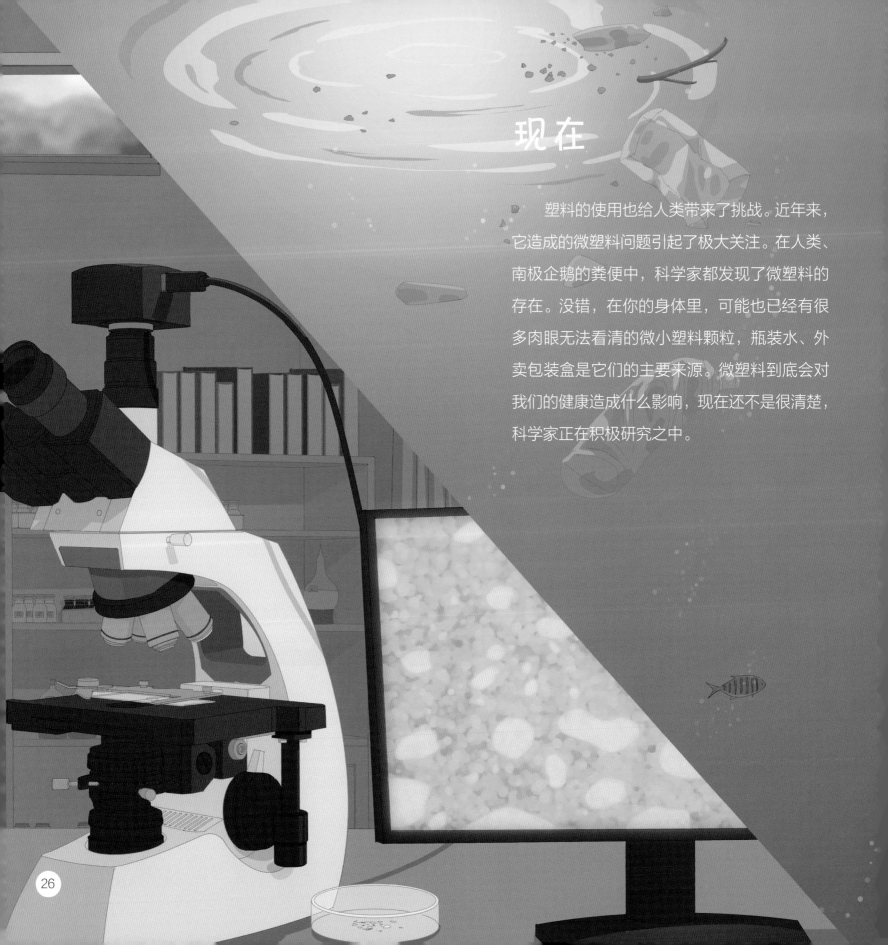

# 现在

　　塑料的使用也给人类带来了挑战。近年来，它造成的微塑料问题引起了极大关注。在人类、南极企鹅的粪便中，科学家都发现了微塑料的存在。没错，在你的身体里，可能也已经有很多肉眼无法看清的微小塑料颗粒，瓶装水、外卖包装盒是它们的主要来源。微塑料到底会对我们的健康造成什么影响，现在还不是很清楚，科学家正在积极研究之中。

❦塑料污染已经成为海洋生物的重要死因之一，无数的海鸟、海龟、鱼类因为吃了无法消化的塑料垃圾而死于非命。为了应对这个危机，人们发起了全球范围内的净滩行动，成立了"清除塑料废弃物行动联盟"。

●截至2015年，全世界已经产生了约63亿吨塑料垃圾。这些塑料垃圾绝大多数堆积在填埋场或自然环境中，一部分被焚化，只有不到十分之一得到了回收。预计到2050年，会有120亿吨塑料垃圾进入垃圾填埋场或自然环境中。

1988 年，美国塑料工业协会推出了塑料识别码，将塑料聚合物分为七类，用于识别制造产品的塑料树脂。这个识别码因为最初的形态混淆于回收符号，于是 2013 年美国测试与材料协会把它改为一个封闭的三角形符号，但新符号依旧让消费者感到困惑。事实上，由于各种限制，现有回收系统下能做到的充分回收只占这几个大类中的小部分。

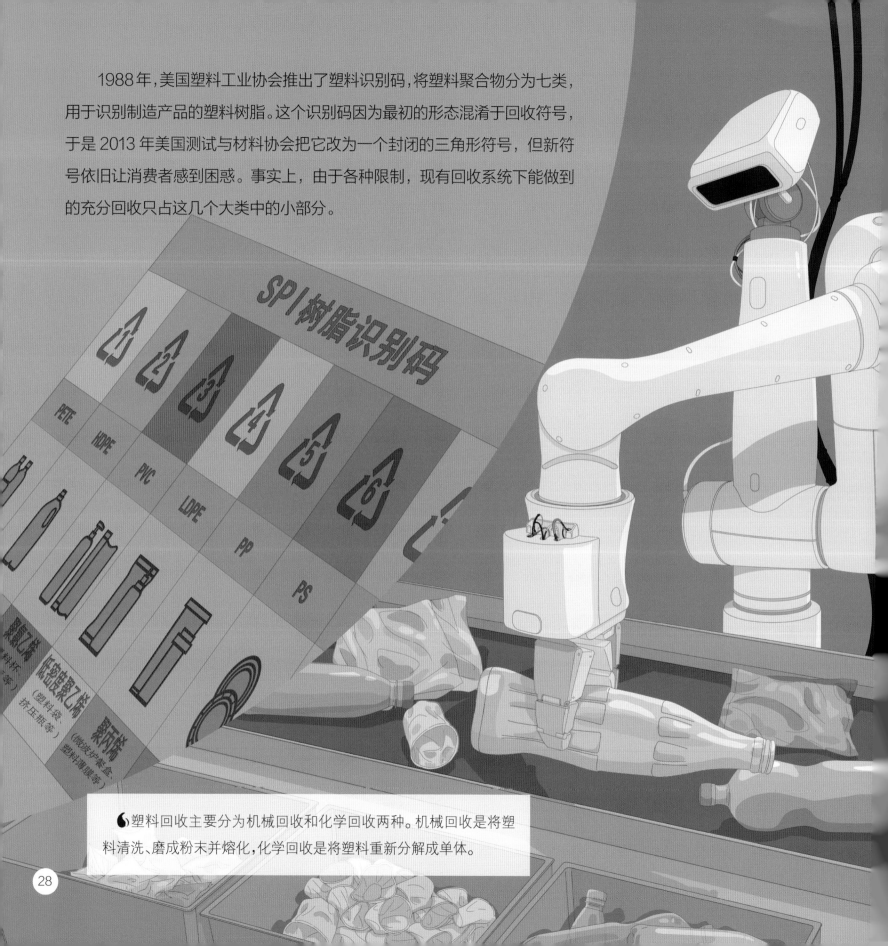

SPI树脂识别码

| PETE | HDPE | PVC | LDPE | PP | PS |
| --- | --- | --- | --- | --- | --- |

🔥塑料回收主要分为机械回收和化学回收两种。机械回收是将塑料清洗、磨成粉末并熔化，化学回收是将塑料重新分解成单体。

# 未来

发展性能更加优异、更具有可回收性的塑料是整个行业的必经之路，比如陶氏公司发明的全新生物基聚乙烯拉伸薄膜，它取自制纸浆时产生的残余物妥尔油，由于强度、柔韧性和耐用性都在普通塑料薄膜基础上得到了极大提升，所以能够减少整体的用量，并且在产品设计之初就充分考虑了它的回收循环。

我们还寄希望于人工智能的发展来帮助解决塑料回收问题，近些年已经有了用于废弃塑料压丝的3D打印机和能够进行回收分拣的机器人。

对于个人来说，合理地使用塑料，不滥用、不乱扔永远是最重要的。要记得遵循垃圾分类的原则，把废弃的塑料制品投进标有可回收标记的垃圾箱。

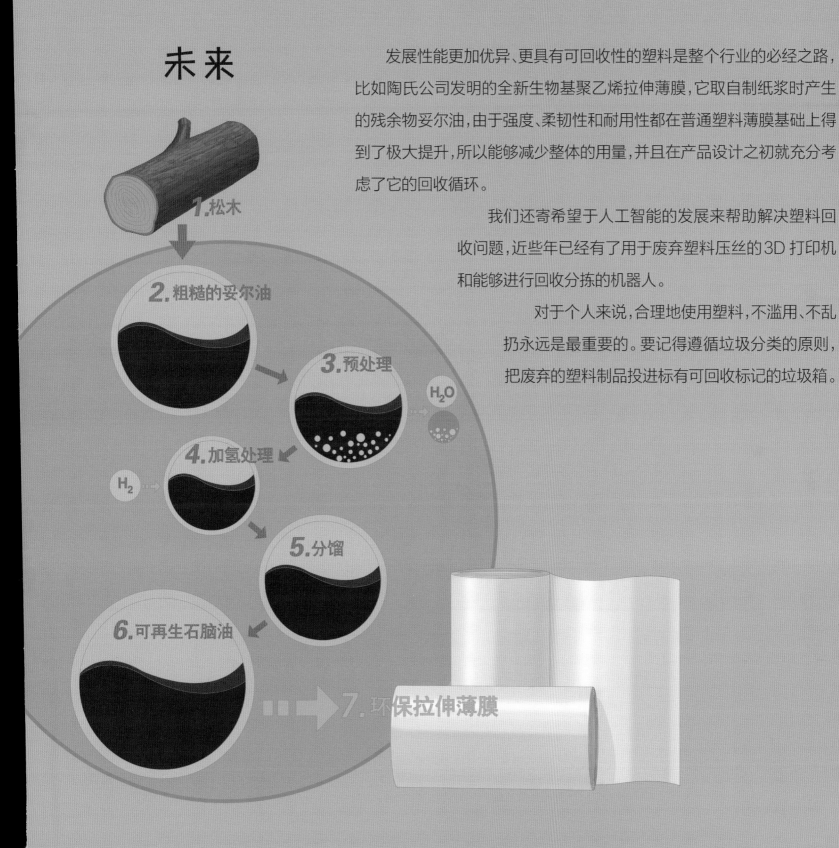

1.松木

2.粗糙的妥尔油

3.预处理

$H_2O$

4.加氢处理

$H_2$

5.分馏

6.可再生石脑油

7.环保拉伸薄膜

# 你还可以知道更多

### 植物灰作为助熔剂

玻璃的主体原料石英熔点超过了1700℃,青铜时代并没有技术可以获得这种高温,那么怎样让石英熔化呢? 聪明的古人找来了助熔剂,其中一种就是植物灰。那些生长在沙漠或海岸上的植物,燃烧产生的灰烬含有一定量的碳酸钠或碳酸氢盐,能让碎石英的熔化温度降到当时的熔炉所能达到的温度。

### 为了造纸求破布

造纸术传到欧洲以后,在接下来几百年里,纸的基本原材料都是亚麻布和棉布。由于印刷业的发展,导致人们对纸张的需求越来越大,到了18世纪,造纸厂经常陷入原材料短缺的境况,因此不得不刊登广告来征集破布。

### 鞣制中使用的单宁和铬盐

单宁是一类有机化合物,存在于一些植物中,比如葡萄中单宁的含量就较高,这也是我们吃葡萄时感到"涩"的原因,单宁能够沉淀动物皮中的蛋白质;铬盐是一种工业制剂,其中的铬离子能够和动物皮中的蛋白质形成稳定复合物。

### 微塑料

这是一位科学家在2004年提出来的新概念,泛指那些直径小于5毫米的塑料碎片和塑料颗粒,最小的微塑料颗粒已经达到了纳米级。

### 人造质量超过生物质量

科学家通过计算得出,从2020年开始,全球人造物质的总质量已经超过了自然界活生物的总质量,这是一个地球进入"人类世"的标志和特征。但这并不值得骄傲,反而是我们应该忧虑的环境问题。